转基因热点聚焦 40问

杨 蕾　徐俊锋　主编

中国农业出版社
北京

内 容 简 介

　　本书选取了公众高度关注的 40 余个热点问题，涵盖转基因方面的小常识，转基因食品安全问题，转基因最新政策，以及对部分转基因谣言进行澄清。人吃了转基因食品后会不会基因突变？转基因食品会影响下一代的生育能力吗？美国人吃转基因食品吗？……作者以浅显易懂的文字配上直观活泼的插画为读者揭开了转基因的神秘面纱。希望本书能帮助读者解疑释惑，科学、理性地去重新审视转基因技术。

编者名单

主　编　杨　蕾　徐俊锋

参　编　汪小福　陈笑芸　彭　城　徐晓丽
　　　　魏　巍　缪青梅　来勇敏　余志丹
　　　　詹　艳　丁　霖　纪　艺　高振楠
　　　　孙宗修　李飞武　谢家建　金芜军

前言 Foreword

　　转基因技术在 20 世纪的科技史上扮演着重要角色，如今在医药、工业、农业、环保、能源甚至军事等领域应用广泛。从各类重组疫苗、抗生素、用于啤酒和面包发酵的酵母，到生物降解的细菌，再到我们日常生活和生产中穿的衣服，转基因技术已经渗透到方方面面。转基因技术突破传统杂交屏障，生产出抗病、抗逆、高产、提高营养品质的新品种，对提高农业生产水平、满足人类消费需求至关重要。中国转基因商业化进程加速，前景广阔。

　　中国面临人口众多、水资源短缺、病虫害和极端气候频发等挑战，农药化肥过度使用及大豆进口需求持续增加。这些情况促使我们加快科技创新和技术改革，以确保 14 亿人口的粮食安全，增强农业国际竞争力。转基因技术在改良玉米和大豆品种、提高生产力方面发挥着重要作用。推动转基因技术研究，推进商业化进程，抢占技术制高点，是确保国际粮食安全的重要途径。利用转基因技术培育的高产多抗品种对缓解资源不足、保护生态环境具有战略意义，也是科技发展的必然趋势。

尽管转基因技术自诞生之日起就存在争议，但全球转基因研发和商业化进程并未停滞不前。种植转基因作物的国家数量从1996年的6个增加至目前的29个，种植面积也从170万公顷扩大至2.063亿公顷。美国是转基因产业的引领者，而巴西和阿根廷在引进转基因技术后，大豆种植量迅速增长，其中巴西大豆出口数量超过美国。中国自1997年开始商业化种植转基因棉花，现种植面积已达280万公顷。然而，中国仍只有转基因棉花和番木瓜实现了产业化。只有加快批准其他转基因作物的产业化，才能在转基因浪潮中占据主动地位。值得注意的是，中国自2019年起，转基因作物商业化进程加速，并出台了多项生物育种相关政策。2019年12月，转基因玉米和大豆获得新的生物安全证书，而上一次生物安全证书颁布时间是2009年，这意味着，历经10年后，转基因作物又向前迈进了一大步。2021年，国家开始转基因玉米和大豆产业化试点工作，并在科研试验田进行种植，种植面积从2021年的200亩增加到2023年的390万亩。转基因商业化即将全面展开。

虽然转基因技术为全球带来巨大的经济和社会效益，但也伴随着对转基因安全性的争议。公众对农业基因修饰产品的健康和生态风险感到担忧，但充分的科学证据表明，转基因是安全的。转基因技术在某种程度上是传统育种技术的发展和延续，更高效、更精准，并且可以选择其他物种的有益基因。2016 年，108 位诺贝尔奖获得者联名发表公开信支持转基因技术，要求绿色和平组织停止对转基因的反对，这表明转基因的安全性得到主流科学界的认可。

　　当下，转基因安全性问题一直是公众关注的焦点，网络上充斥着许多负面评论和谣言，引发公众担忧。这源于转基因科普工作的不足，公众对该技术了解有限，易受负面评论影响，形成先入为主的负面印象。本书选取了 40 余个公众高度关注的热点问题，希望帮助读者科学、理性地认识转基因技术，解开疑惑。

编　者

2024 年 11 月

目 录 Contents

第一部分
基础知识

1. 什么是基因？

答：基因是核酸中储存遗传信息的遗传单位，是生命的密码。基因可以编码蛋白质，决定蛋白质的大小和结构，所以也决定了蛋白的功能作用。不同的基因编码不同

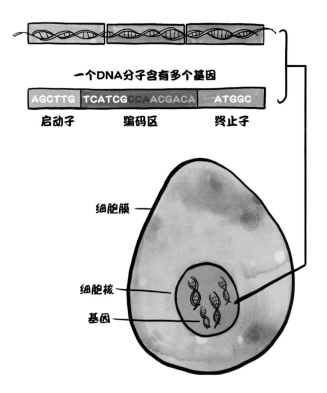

的蛋白。数以万计的基因和蛋白组合在一起，让地球上拥有千姿百态的动物、植物和微生物。

虽然这些动物、植物和微生物形态各异，但是，它们中的大部分都是由DNA（脱氧核糖核酸）分子编码的，A、T、C、G4种核苷酸碱基形成了地球上绝大多数生物的基因序列。许多生物甚至拥有相同的基因。人类和黑猩猩的亲缘关系极近，大约96%的遗传密码相同。实际上，果蝇与人类也有一半的基因是相同的。

2. 什么是转基因技术？

答： 转基因技术是利用现代生物技术，将人们期望的目标基因，经过人工分离、重组后，导入并整合到生物体的基因组中，从而改善生物原有的性状或赋予其新的优良性状。除了转入新的外源基因外，还可以通过转基因技术对生物体基因进行加工、敲除、屏蔽等以改变生物体的遗传特性，获得人们希望得到的性状。常用的转基因方法有基因枪介导转化法、花粉管通道法、农杆菌介导转化法、细胞融合法等。

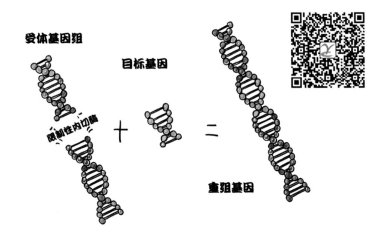

受体基因组

目标基因

限制性内切酶 ＋ ＝

重组基因

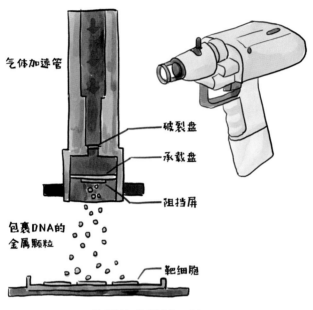

气体加速管

破裂盘

承载盘

阻挡屏

包裹DNA的
金属颗粒

靶细胞

基因枪介导转化法

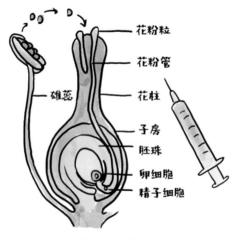

花粉粒

花粉管

花柱

雄蕊

子房

胚珠

卵细胞

精子细胞

花粉管通道法

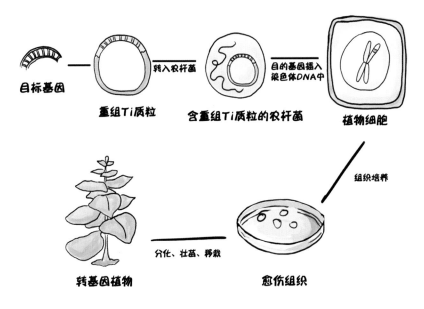

农杆菌介导转化法

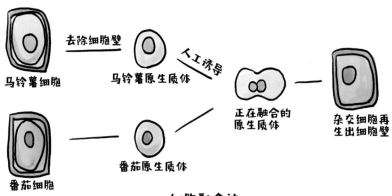

细胞融合法

3. 转基因技术与传统育种技术有何异同?

答： 共同之处：均通过基因的改变获得优良性状。

不同点：第一，传统技术一般只能在生物种内个体上实现基因转移，而转基因技术不受生物体间亲缘关系的限制，可打破不同物种间天然杂交的屏障；第二，传统技术一般是在生物个体水平上进行，操作对象是整个基因组，不可能准确地对某个基因进行操作和选择，选育周期长，工作量大，而转基因技术目标明确、可控性更强，后代表现可以预期。

aaBB
大穗黄籽粒

紫色牵牛花

aaBB+CC
大穗紫籽粒

CC基因
转基因技术

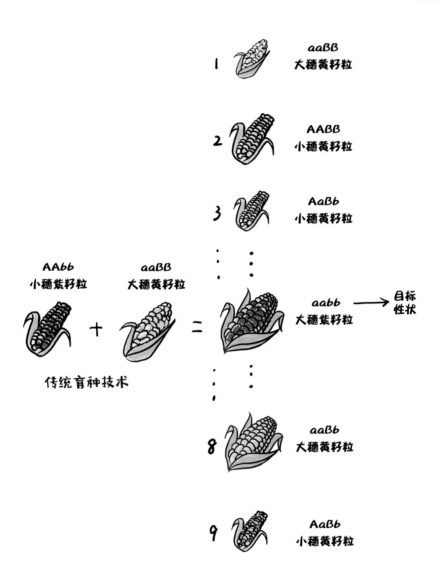

1 aaBB
大穗黄籽粒

2 AABB
小穗黄籽粒

3 AaBb
小穗黄籽粒

AAbb
小穗紫籽粒 + aaBB
大穗黄籽粒 = aabb
大穗紫籽粒 → 目标
性状

传统育种技术

8 aaBb
大穗黄籽粒

9 AaBb
小穗黄籽粒

4. 转基因作物里都转了哪些基因？

答： 抗虫基因和耐除草剂基因是目前在转基因作物中应用最广泛的两大类基因。抗虫基因多为苏云金芽孢杆

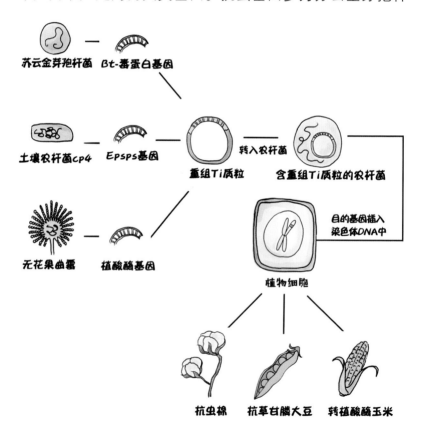

苏云金芽孢杆菌　Bt-毒蛋白基因

土壤农杆菌cp4　Epsps基因　重组Ti质粒　转入农杆菌　含重组Ti质粒的农杆菌

无花果曲霉　植酸酶基因　植物细胞　目的基因插入染色体DNA中

抗虫棉　抗草甘膦大豆　转植酸酶玉米

菌表达产物 Bt 蛋白基因，主要可抗鳞翅目昆虫，部分可抗鞘翅目昆虫。耐除草剂基因可提高作物对草甘膦和草丁膦类除草剂的抗性。

　　另外还有一些包含其他性状的转基因作物。如抗环斑病毒的转基因番木瓜，把环斑病毒外壳蛋白基因转入番木瓜中来抗环斑病毒；转植酸酶玉米可使玉米内植酸分解为无机磷，动物几乎不能消化植酸，但无机磷满足了动物生长对磷元素的需求，又减少了动物排泄物中的磷对环境的污染；耐储存的番茄和增加保质期的鲜花，主要是删除了植物体内与乙烯合成相关的基因，延长了保质期和鲜花寿命；抗旱耐盐的大豆和甘蔗，是将抗逆性基因转入植株中，提高植物在逆境中的适应能力。

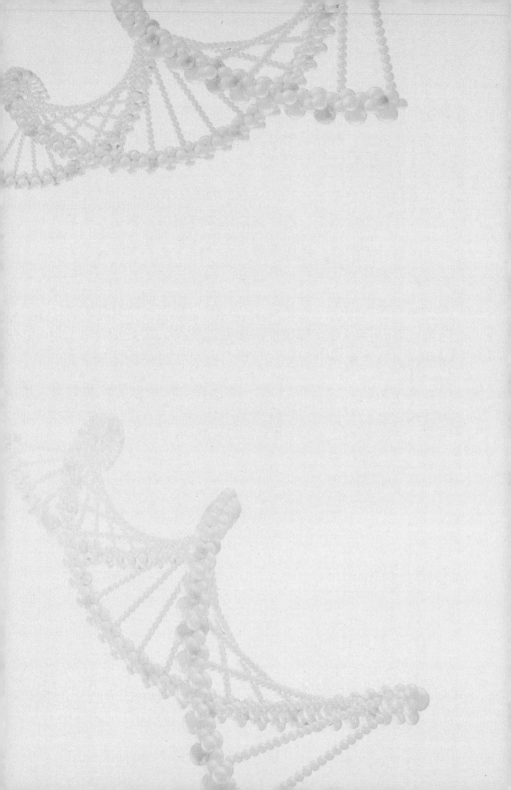

第二部分
转基因食品安全

5. 食品安全评价的通行办法有哪些？

答： 风险性分析是世界各国进行食品安全评价的基本原则，是国际食品法典委员会（CAC）在 1997 年提出的用于评价食品、饮料、饲料中的添加剂、污染物、毒素和致病菌对人体或动物潜在副作用的科学程序，现已成为国际上开展食品风险性评价、制定风险性评价标准和管理办法，以及进行风险性信息交流的基础和通用方法。风险性分析包括风险评估、风险交流和风险管理。

6. 传统食品需要进行安全性评价吗？

答： 我们日常食用的食物中，大部分是天然食物及其简单加工产品，如谷物、蔬菜、水果、畜禽产品及其初加工产品，这些食品都是经过人类的长期实践被认为是安全的，并没有进行专门的食用安全性评价。

但是这些传统食物并不是绝对安全的，比如，对大多数人来说营养丰富的鸡蛋和牛奶，对于少数过敏体质的人来说就是导致过敏的罪魁祸首；而作为主食的谷物中也往往含有许多天然的毒素和影响消化吸收的抗营养因子，如植酸和胰蛋白酶抑制剂等，这些物质要经过特定的加工处理才能减少或消除对人体健康的影响；蔬菜和水果中也有许多已知的对健康造成不良影响的成分，如发芽的马铃薯中的龙葵碱等。所以，天然食品的安全性也都是相对的。这些食品的潜在危害与风险是通过长期食用过程中积累的经验来确定的。

随着科技的发展，又出现了许多新型食品，如辐照食品、功能食品等，以及各种化学食品添加剂、酶制剂等食品成分，这些食品和食品成分都要通过专门的食用安全性评价才能供消费者食用。人们通过长期的试验摸索，针对这些新型食品和食品添加剂已经建立起一套以动物为主要试验对象的、较为完善的食用安全性评价方法。

未煮熟的四季豆含凝集素、发芽的马铃薯含龙葵碱，都可能引起中毒

玉米和大豆富含的植酸是抗营养因子，影响吸收

我对鸡蛋和牛奶过敏

噢，原来传统食物也不是绝对安全的

7. 转基因食品为什么要进行安全性评价?

答：与传统育种方法不同，转基因生物通过生物技术手段打破了物种生殖隔离屏障，将来自另种或另一类生物的某一基因片段引入其他生物基因组中以改变其遗传性状。为了预防在基因操作过程中，把一些可能对人体健康或环境安全有危害的基因转入受体生物，或者由于基因操作引起受体生物产生不可预期的变化，影响人体健康和环境安全，在转基因食品生产和正式上市前，需要评估其安全性。

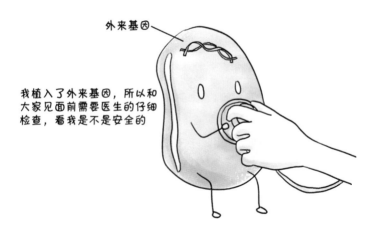

外来基因

我植入了外来基因，所以和大家见面前需要医生的仔细检查，看我是不是安全的

8. 转基因农作物要做哪些环境安全性测试?

答: 与传统作物相比,科学家在转基因作物种植之前所做的安全性评估工作要严格得多,其中就包括环境安全性评估。通常情况下,科学家对一种转基因作物需要做的环境安全性评价涉及十几项甚至几十项,主要包括4个大的方面:

一是生存竞争能力评价,在自然环境下,与非转基因对照生物相比,评价转基因生物的生存适合度与杂草化风险。

二是基因漂移的环境影响评价,评价转基因生物的外源基因向其他植物、动物和微生物发生转移的可能性及可能造成的生态后果。

三是生物多样性评价,根据转基因生物与外源基因表达蛋白的特异性和作用机理,评价对相关植物、动物、微生物群落结构和多样性的影响,以及转基因植物生态系统中病虫害等有害生物地位演化的风险。

四是靶标害虫抗性风险评价,评价转基因抗性作物可能造成靶标害虫产生抗性的风险。

9. 转基因食品的安全性有无定论？

答： 转基因食品的安全性是有定论的，即凡是通过安全性评价、获得安全证书的转基因食品都是安全的，可

以放心食用。国际食品法典委员会于 1997 年成立了生物技术食品政府间特别工作组，认为应对转基因技术实行风险管理，并制定了转基因生物评价的风险分析原则和转基因食品安全评价指南，成为全球公认的食品安全标准和世界贸易组织裁决国际贸易争端的依据。转基因食品入市前都要通过严格的毒性、致敏性、致畸性等安全评价和审批程序。世界卫生组织以及联合国粮食及农业组织认为：凡是通过安全评价上市的转基因食品与传统食品一样安全，可以放心食用。转基因食品商业化以来，迄今为止，没有发生过一起经过证实的食品安全问题。

10. 转基因食品的安全性评价为什么不做人体试验?

答: 在开展转基因食品安全评价时,没有必要也没有办法进行人体试验。

首先,遵循国际公认的化学物毒理学评价原则,转基因食品安全评价多以模式生物小鼠、大鼠为研究对象,进行高剂量、多代数、长期饲喂试验,通过比较试验组和对照组各项指标,评估食品的安全性。以大鼠 2 年的生命周期来计算,3 个月的评估周期相当于其 1/8 生命周期,2年的评估则相当于其整个生命周期。科学家用动物学的试验来推测人体的试验结果,以大鼠替代人体试验,是国际科学界通行做法。

其次,进行毒理学等安全评价时,科学家一般不会用人体来做多年多代的试验。第一,现有毒理学数据和生物信息学的数据足以证明是否存在安全性问题。第二,根据世界公认的伦理原则,科学家不应该也不可能让人连续一二十年吃同一种食品来做试验,甚至延续到他的后代。第三,用人体试验解决不了转基因食品安全性问

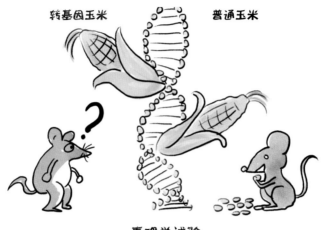

毒理学试验

3个月以后

题。人类的真实生活丰富多彩，食物是多种多样的，如果用人吃转基因食品来评价其安全性，不可能像动物试验那样进行严格的管理和控制，很难排除其他食物成分的干扰作用。

有人在K歌

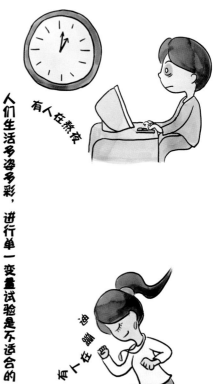

有人在熬夜

人们生活多姿多彩，进行单一变量试验是不适合的

有人在跑步

有人在蹦迪

11. 转基因食品有没有致敏性？

答： 获得安全证书，批准商业化的转基因食品没有致敏性。食物过敏是食品安全中的重要问题。转基因食品中引入了新基因，有引发过敏的风险，所以所有转基因食品入市前，都需要经过严格的安全性评价，其中包括致敏性评价。若判定为有致敏可能，该食品就会被取消研发和上市的资格。曾经有转巴西坚果 2S 清蛋白的大豆，由于致敏评价时发现了致敏蛋白就停止了该项产品的研发。

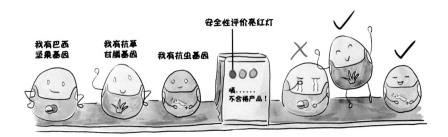

12. 人吃了转基因食品后会发生基因 突变吗？

答： 不会。转基因食品是将某些生物的优秀基因导入整合到其他生物中，来获得人类期望的性状。地球上的绝大多数生物，都是由成千上万的基因以及基因编码的蛋白组成的。几千年来，人们吃的所有的动植物，每一种都包含了数以万计的基因，但是人们从来也没有担心吃的动物、植物和微生物基因会改变人们自身的基因或遗传给下

一代。绝大多数生物的基因归根到底都是由 4 种核苷酸碱基 A、T、C、G 排列组合形成的，所有基因可在人们消化系统中经核酸酶、核苷酸酶等催化代谢，生成可被人体吸收利用的物质。转基因植物只是将某些生物的一个或多个基因转移到其他物种中，所以基因在人体中的消化代谢过程与普通食品没有差异。

并且，我们需要知道的是，DNA 非常容易降解。食物在加热烹调、高温高压条件下，DNA 会降解为零碎的小片段，不能携带任何完整的遗传信息。虽然，不排除极其少量的 DNA 可能进入机体循环系统，但机体严密的防御系统会灵敏地识别和捕获这些外来 DNA 并清除。另外，基因转移是需要非常严苛的条件的，自然条件下很难发生完整序列的转移。

13. 长期吃转基因食品会不会有问题？

答： 从科学机理上看，转基因食品与非转基因食品的区别在于转基因食品中转入的外源基因及其特异性表达的蛋白质。对转入的基因而言，人类食用植物源和动物源的食品已有上万年的历史，这些天然食品中同样含有各种基因，而大多数转基因生物中的基因也是从自然界中获得的。从科学发展的角度来看，转基因食品跟其他常规食品所含有的各种基因，都一样被人体消化吸收，因此食用转基因食品是不可能改变人的遗传特性的。

对转入的蛋白质而言，只要转基因表达的蛋白质不是致敏物和毒素，它和食物中的蛋白质没有本质的差别，都可以被人体消化、吸收利用，因此不会在人身体里累积，所以不会因为长期食用而出现问题。

14. 转基因育种违背自然规律了吗？

答： "物竞天择，适者生存"，生物通过遗传、变异在生存斗争和自然选择中由简单到复杂、由低等到高等，不断发展变化。种属内外甚至不同物种间基因通过水平转移，不断打破原有的种群隔离，是生物进化的重要原因。生命起源与生物进化研究表明，自然界打破生殖隔离、进

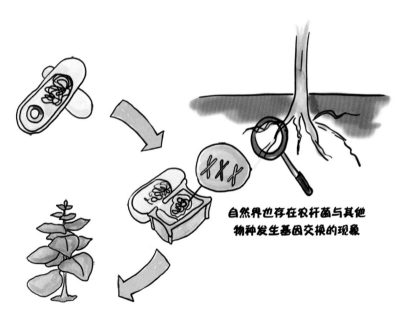

自然界也存在农杆菌与其他
物种发生基因交换的现象

行物种间基因转移的现象古已有之，现在仍悄悄发生，只不过非专业人员很难了解而已。如目前得到广泛运用的转基因经典方法——农杆菌介导转化法，就是我们向自然界学习的结果。因为在自然条件下，农杆菌就可以把自己的基因转移到植物中，并得到表达。

玉米的前世今生

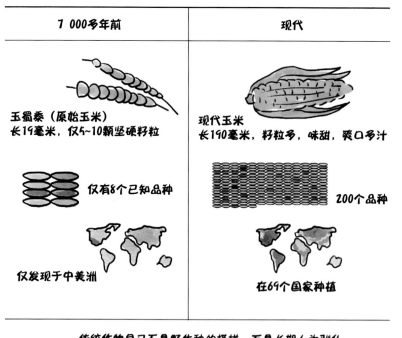

7 000多年前	现代
玉蜀黍（原始玉米） 长19毫米，仅5~10颗坚硬籽粒	现代玉米 长190毫米，籽粒多，味甜，爽口多汁
仅有8个已知品种	200个品种
仅发现于中美洲	在69个国家种植

传统作物早已不是野生种的模样，而是长期人为驯化，基因交流转移的新品种甚至新物种

当今，我们种植的绝大部分作物早已不是自然进化

产生的野生种，而是经过千百年人工改造，不断打破生物间生殖隔离、转移基因所创造的新品种和新物种，是人为驯化的结果。转基因技术是人类最新的育种驯化技术，不仅能实现种内基因转移，而且能实现物种间的基因转移，是一种更准确、更高效、更有针对性的定向育种技术。

15. 转基因食品是否有至今还未检测出的危害？

答： 第一，任何食品都不是绝对安全的，都可能具有风险，包括常规食品和转基因食品。例如，有些人会对某些传统食品，如牛奶、鸡蛋等过敏，严重时可能致命。作为主食的谷物中也含有天然毒素和影响消化吸收的抗营养因子，如水稻、小麦中含有的植酸等，须加热处理才能减少其对人体健康的影响。所以，传统食品的安全性是相对的。

第二，与传统食品相比，转基因食品的安全评价是最透彻最严格的。国际食品法典委员会制定国际食品安全标准，大多数国家都有专门机构负责转基因食品安全评价。评价原则包括科学原则、比较分析原则、个案分析原则等。这就意味着转基因食品需要与传统食品比较分析，同时每一种转基因食品需进行单独完整的逐项评价。所以说，获得安全证书的转基因食品是安全的，或者说并没有带来常规食品所没有的特殊风险。

第三，我们已经建立了比较完善的食品安全风险监测体系，能够监测和预警到可能会产生的食品安全风险。

科学原则   比较分析原则

个案分析原则

第三部分
常识误区

16. 目前市场上销售的彩色玉米、圣女果、彩椒都是转基因品种吗？

答： 不是。彩色玉米、圣女果、彩椒等都是对野生植物进行驯化而产生的品种。这些品种在颜色和大小上的差别源于天然存在的差异遗传基因，是通过多代培育和杂交得到的，不是转基因品种。

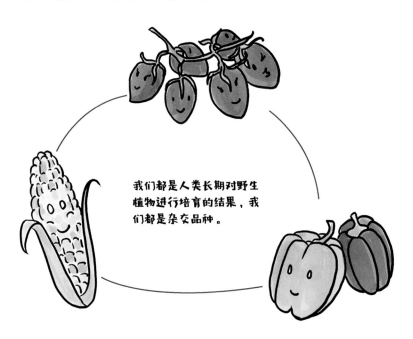

我们都是人类长期对野生植物进行培育的结果，我们都是杂交品种。

17. 胰岛素是转基因的吗?

答: 是的。胰岛素也是科学家最早利用转基因技术使细菌产生的一种重要蛋白质激素。

胰岛素的发现,是人类在糖尿病治疗领域取得的突破性进展。最开始除了主张严格限食,医生对糖尿病人束手无策。直至 1921 年,人们开始从动物胰腺中提取胰岛素用于糖尿病患者并获得成功,糖尿病才摆脱不治之症的头衔。但是纯天然的动物胰岛素提取量少,价格高,所以只有少数人才能拿到胰岛素挽救生命。利用转基因技术产生的胰岛素使得胰岛素产量大大提高,价格下降,让普通老百姓也能用得起。

利用转基因技术合成胰岛素的过程,简单来说,科学家将一种环状 DNA 和人胰岛素基因连接在一起,形成一个重组环状 DNA。再把这个环状 DNA 转入大肠杆菌中,这种大肠杆菌繁殖的后代也会带有胰岛素基因,当基因表达时胰岛素也就大量产生了。

18. 黄金大米有危害吗?

答：黄金大米，是一种通过转基因技术将胡萝卜素转化酶系统转入大米胚乳中获得的外表为金黄色的转基因大米。因为其色泽发黄，所以该大米品种又被称为"黄金大米"。黄金大米富含胡萝卜素，帮助人体增加对维生素A的吸收。

大家最早听说黄金大米可能是 2012 年的湖南小学生在不知情的情况下食用黄金大米事件。这在当时引起了轩然大波，我国网络上现在还在谣传黄金大米如何有毒有害。虽然这件事情等于让黄金大米在中国宣判了死刑，但是它在其他国家却赢得了新生。在过去几年中，美国、加拿大、新西兰和澳大利亚的监管机构给予黄金大米食用批准。2021 年 7 月 21 日，菲律宾成为全球首个批准黄金大米商业化种植的国家。

黄金大米本身并没有问题，当年黄金大米事件被通报处分的主要原因在于：一是项目所用"黄金大米"从境外带入时未经申报批准，违反了国务院农业转基因生物安全管理有关规定；二是项目在伦理审批和知情同意告知过程中，刻意隐瞒了试验中使用的是转基因大米，没有向学生家长提供完整的知情同意书，违反科研伦理原则。

19. 欧洲专业研究表明转基因玉米致癌是怎么回事？

答： 2012 年 9 月 19 日，法国卡昂大学的研究人员塞拉利尼在《食品化学毒物学》杂志上发表研究文章称，用抗除草剂的 NK603 转基因玉米喂养的大鼠，患癌率大幅度上升。

2013 年 11 月 29 日，《食品化学毒物学》主编正式宣布在通过长时间的调查研究后，认为文章的数据不能支持结论。首先，该试验用的是 SD 大鼠，是一个近亲繁殖的品种，这种鼠的寿命只有 2～3 年，且 80% 的大鼠在 2 年以后都自发生长肿瘤，如果喂食过饱肿瘤还会长得更早，所以这种大鼠只适合用来做 90 天以内的毒理试验，而塞拉利尼的试验时间长达 2 年，试验结果并不可靠。另外，经济合作组织曾规定，长期毒理试验每个处理组至少要 20 只动物，致癌毒理试验要求更高，要 50 只。而塞拉利尼并未按规定执行，每个处理组只用了 10 只大鼠，且并不公布饲喂量，其中就有故意喂食过饱加速致癌的可能性。其实 2008 年就有日本科学家做过类似试验，使用寿命更长的大鼠，同样喂食转基因玉米 2 年，结果是喂食转基因玉米与非转基因玉米差异并不明显，也并不会致癌。

最后，主编要求通讯作者提供了原始数据，并对原始数据进行了重新分析。他认为，该文章在试验材料的选择、样本量设置等方面存在致命缺陷，对原始数据的分析并不能得出作者得出的结论，所以决定正式撤稿。

20. 美国人吃转基因食品吗?

答: 有些人认为美国消费者不吃转基因大豆。而事实上,美国的转基因作物在大量出口的同时,也被大量在其国内消费。目前,美国已批准包括大豆、玉米、棉花、油菜、甜

菜、苜蓿等在内的 22 种转基因作物。2023 年,美国累计种植转基因作物 7 440 万公顷。玉米、大豆、棉花的转基因品种应用率分别为 93%、95% 和 97%,油菜 96%,甜菜接近 100%。

全球农药市场研究数据显示,2020—2023 年,美国大豆每年在国内消费量为 6 100 万~6 300 万吨,扣除非转基因大豆的消费量,转基因大豆的国内消费量为 5 800 万~6 000 万吨。美国玉米基本在国内消费,

2021年国内消费比例约为种植的81%。许多品牌的色拉油、面包、饼干、薯片、巧克力、番茄酱、奶酪等或多或少都含有转基因成分。可以说，美国人吃转基因食品种类最多、时间最长。

21. 转基因食物会影响下一代的生育能力吗?

答：不会。这个说法来源于一篇《广西抽检男生一半精液异常，传言早已种植转基因玉米》的帖子。首先，

文中所说的迪卡系列玉米是传统常规杂交玉米，不是转基因作物品种。其次，"广西抽检男生一半精液异常"一说来源于 2008 年广西医科大学第一附属医院男性学科主任梁季鸿领衔完成的

《广西在校大学生性健康调查报告》。但研究者根本没有提出广西大学生精液异常与转基因有关的观点，而是列出了环境污染、食品中大量使用添加剂、长时间上网等不健康的生活习

惯等因素。

　　前面的回答也详细解答了 DNA 在体内是如何催化代谢的。由于转基因生物的 DNA 几乎不可能进入人体基因组，影响生育能力也变成了无稽之谈。

长期吃烧烤食品　　　　　　　抽烟

长时间上网　　　　失眠、精神压力大

精子活力下降原因分析

22. 虫子都不吃的转基因抗虫水稻，人能吃吗？

答： 可以放心食用。转基因抗虫水稻中的 Bt 蛋白是一种高度专一的杀虫蛋白，一般只能与特定昆虫肠道上的特异性受体结合，引起害虫肠麻痹，造成害虫死亡。鳞翅目害虫的肠道上含有这种蛋白质的结合位点，而人类肠道细胞没有该蛋白的结合位点。Bt 蛋白进入人体肠道后，会被肠道中的各种蛋白酶分解为人体所需的各类氨基酸，因此不会对人体造成伤害。

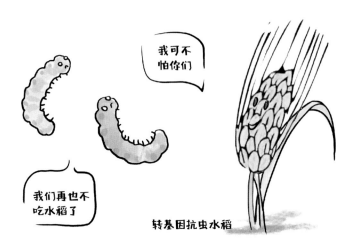

转基因抗虫水稻

　　而且，人类发现 Bt 蛋白的来源生物苏云金芽孢杆菌已有百余年时间，Bt 制剂作为生物杀虫剂安全使用了半个多世纪，大规模种植和应用转 *Bt* 基因玉米、转 *Bt* 基因棉花等作物已有 25 年。至今没有苏云金芽孢杆菌及其蛋白引起过敏反应的报告，也没有与生产含有苏云金芽孢杆菌的产品有关的职业性中毒反应的记录。

23. 抗虫作物能抗所有作物害虫吗？

答： 不能。目前转基因抗虫作物最常用的外源基因是 *Bt* 基因，而 *Bt* 基因中应用最广的是 *Cry* 基因，可分为

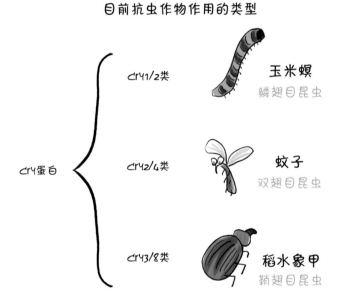

目前抗虫作物作用的类型

Cry蛋白 {
Cry1/2类 —— 玉米螟 鳞翅目昆虫
Cry2/4类 —— 蚊子 双翅目昆虫
Cry3/8类 —— 稻水象甲 鞘翅目昆虫
}

目前抗虫作物无法作用的类型

褐飞虱 半翅目昆虫

多个亚群。不同亚群的 Cry 蛋白杀虫特性不同，如 Cry1/2 类蛋白对鳞翅目昆虫有很好的防治效果，Cry2/4 类蛋白可以作用于双翅目昆虫，Cry3/8 类蛋白对鞘翅目昆虫有毒杀作用。所以，抗虫作物只能根据转入的杀虫基因特性对特定的一类或多类昆虫有杀虫效果，并不能杀死所有害虫。并且，目前的抗虫作物对盲椿象、棉蚜、烟粉虱等半翅目昆虫没有防治效果。

24. 种植转基因抗虫作物会产生"超级害虫"吗？

答： 在农业生产中，长期持续应用同一种农药，害虫往往会产生抗药性，导致农药使用效果下降甚至失去作用，产生该农药难以防治的害虫。实际上，可以利用更换农药、更改作物品种、改变栽培制度等方法有效控制这种害虫，不会产生所谓的"超级害虫"。

庇护所策略

转基因棉花　　　　　普通棉花（庇护所）

与对农药产生抗性类似，理论上害虫也会对转基因抗虫作物产生抗性。为防止这种现象发生，生产当中已经采用了多种针对性措施：一是庇护所策略，即在转 *Bt* 基因作物周围种植一定量的非转基因作物作为敏感昆虫的庇护所，通过它们与抗性昆虫交配而延缓害虫抗性的发展；二是双基因/多基因策略，研发并推动具有不同作用机制的转多价基因的抗虫植物或其他性状的植物；三是严禁低剂量表达的转 *Bt* 基因植物进入生产领域；四是加强害虫对转 *Bt* 基因植物抗性演化的监测。

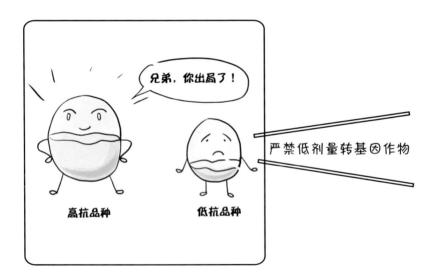

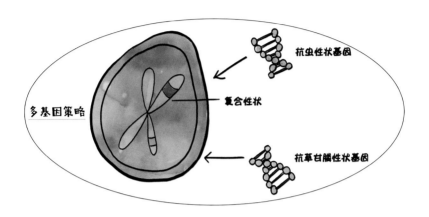

多基因策略

抗虫性状基因

复合性状

抗草甘膦性状基因

抗性演化监测

25. 种了耐除草剂作物，会引起土壤板结吗？

答： 耐除草剂作物和除草剂本身并不会改变土壤组成和性质，不会引起土壤板结。

土壤板结的原因有很多：①耕种方式不合理，如采用旋耕作业方式，耕种深度过浅，土壤毛细管孔隙较少，容易堵塞土壤间隙，导致土壤板结；②过量施用化肥，导致土壤中有机物质补充不足，土壤团粒结构被破坏，也易造成土壤板结；③不合理灌溉，采用大水漫灌方法，也是土壤板结原因之一；④部分地方地下水和工业废水有毒物质含量高，长期利用灌溉使有毒物质积累过量也可造成土壤板结。所以，需改变耕种方式，采用深耕、旋耕相结合的耕种方式，并有效促进秸秆还田，适当使用土壤改良剂、合理施用肥料等方法解决土壤板结问题。

种植耐除草剂作物以及喷洒除草剂不会引起土壤板结，那这两者又是如何与土壤板结这一现象牵连上呢？可能是除草剂的使用改变了农耕模式。过去，通过人工除草并翻土深耕整地，将草籽深埋在泥土中，这一行为也起到改善土壤、松软土层的作用。除草剂的使用取代了耗时耗力的人工除草，同时目前流行的旋耕技术，也使得耕作层变浅、表层 15 厘米以下土壤坚硬板结。同理，普通作物采用相同的耕作方式也是会引起土壤板结的，并不是耐除草剂作物种植引起的。

15厘米

耕种方式不合理

这锅我不背

过量施用化肥

大水漫灌

长期受地下水和工业废水影响

第四部分
国内外转基因研发产业化

26. 国际上如何验证转基因食品的安全性？

世界卫生组织（WHO）、联合国粮食及农业组织（FAO）等12个国际权威组织和机构得出结论：获批上市的所有转基因食品是安全的。

联合国粮食及农业组织（FAO）

世界卫生组织（WHO）

世界粮食计划署（WFP）

共识文件——转基因植物与世界农业

法国科学院

美国营养与饮食学会

英国国家医学院

欧盟委员会（EC）

美国国家科学院（NAS）

毒理学学会SOT（SOT）

德国科学与人文学院联盟

国际科学理事会（ICSU）

答： 转基因食品的安全性受到有关国际组织、各国政府及消费者高度关注。国际食品法典委员会（CAC）于 2003 年制定了转基因生物食用安全标准，从营养学评价、新表达物质毒理学评价、致敏性评价等方面对转基因生物进行安全性评估。大多数国家都有专门机构负责转基因食品的食用安全评价，在美国主要是食品和药物管理局（FDA）负责，在欧盟是欧盟食品安全局负责，在中国是农业农村部负责。由于评价原则中有一大原则是个案分析原则，所以每一个转基因品种在商业化之前都需要经

历完整的食用安全评价，评价标准比以往任何一种食品的安全评价都要严格。

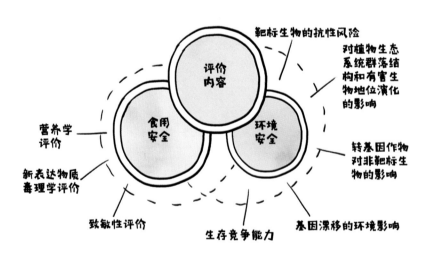

27. 国际上对用于食物、饲料、加工和种植的转基因作物转化体批准情况是怎样的?

答： 全球咨询机构 AgbioInvestor 的报告显示，2023年批准种植转基因作物的国家从 1996 年的 6 个迅速增加到 29 个，对用于人类食物、动物饲料和商业化种植的转基因作物签发了监管批文的国家/地区总计 71 个（29 个种植国＋41 个非种植国＋欧盟 27 国，欧盟算为一个国家）。目前，批准的转基因作物包括玉米、大豆、棉花、油菜、甜菜、苜蓿、甘蔗、小麦、马铃薯、亚麻、番木瓜、南瓜、番茄等 32 种。

28. 国际转基因产品标识的通行办法是什么？

答： 目前，全球对转基因产品进行标识管理的国家和地区有澳大利亚、新西兰、巴西、中国（包括中国香港和中国台湾）、加拿大、日本、俄罗斯、韩国、瑞士、美国、捷克、以色列、沙特阿拉伯、马来西亚、泰国、阿根廷、南非、印度尼西亚和墨西哥等。国际消费者协会将各国和地区转基因标识政策划分为三类：一是全面强制性标识，如欧盟；二是部分强制性标识，如日本；三是自愿标识，如加拿大、阿根廷以及中国香港。

29. 国际上对转基因生物产品标识阈值是怎么规定的?

答: 世界上实施转基因安全制度的国家,大都设置了标识阈值。标识阈值管理分为以下几类:一是定量全面强制标识,即对所有产品只要其转基因成分含量超过阈值就必须标识,如欧盟规定转基因成分超过 0.9%、巴西规定转基因成分超过 1% 必须标识。二是定量部分强制性标识,即对特定类别产品只要其转基因成分含量超过阈值就必须标识,如日本规定对 24 种由大豆或玉米制成的食品需进行转基因标识,设定阈值为 5%;美国原先实行的是自愿标识原则,从 2022 年 1 月 1 日起规定转基因食品的标识阈值为 5%,标识清单包括苜蓿、苹果、油菜、玉米、棉花、茄子、木瓜、菠萝、马铃薯、鲑鱼、大豆、南瓜和甜菜。三是定性按目录强制标识,即凡是列入目录的产品,只要含有转基因成分或者是转基因作物加工而成的必须标识。目前,我国是唯一采用此种标识方法的国家。然而 2023 年 10 月,农业农村部对《农业农村部关于修改〈农业转基因生物标识管理办法〉的决定（征求意见稿）》公开征求意见，其中写道，对实施标识管理的农业转基因生物目录中的产品，单一作物转基因成分含量超过产品 3% 时应当标识。

30. 全球转基因作物种植情况如何？

答： 全球咨询机构 AgbioInvestor 的报告显示，2023 年全球转基因作物的种植面积总计达到 2.063 亿公顷，较 2022 年（2.022 亿公顷）增长约 2.0%。1996—2023 年，全球转基因作物种植面积增加了约 121 倍。从批准国家数量上看，批准种植转基因作物的国家从 1996 年的 6 个迅速增加到 29 个，如果再加上批准转基因产品进口，全球转基因商业化应用的国家和地区已经有 71 个。

全球转基因作物中种植数量较多的 4 种依次是大豆、玉米、棉花和油菜，种植面积分别达 10 090、6 930、2 410 和 1 020 万公顷，分别占这 4 种作物种植总量的 72.4%、34.0%、76.0% 和 24.0%。全球批准商业化种植的转基因作物现在已经有 32 种。一些其他新型转基因产品不断推出。如抗褐变苹果在美国上市，能快速生长的三文鱼在加拿大销售。还有一些新产品，如抗虫茄子、防褐化马铃薯、低木质素苜蓿、抗虫甘蔗等也在不断推出。

31. 美国的转基因作物发展得怎么样？

答： 美国是最早进行大规模商业化种植转基因作物的国家，从 1996 年开始种植，至今已有 28 年。目前，已批准了 22 个种类的转基因植物或动物，除传统的转基因大豆、玉米、油菜和棉花外，还包括转基因甘蔗、苹果、菠萝、马铃薯、番茄、三文鱼以及用于生物防治的蚊子等，相关特性除了耐各类除草剂、抗虫、抗病外，还包括改变营养成分、改变颜色、抗褐变、增产、抗旱等。此外，美国还批准了超过 30 种基因编辑植物或动物，包括基因编辑大豆、水稻、油菜、马铃薯、番茄、肉牛、猪等，相关特性主要集中在耐各类除草剂、增产、耐旱、耐碱、抗褐变、抗病、改变营养成分等。

数据显示，1996 年，美国种植了约 150 万公顷转基因作物，包括棉花、大豆和玉米。2023 年，美国转基因作物种植面积为 7 440 万公顷，占全球转基因作物种植面积的 36.1%，是全球第一大转基因作物种植国。除苜蓿外，所有转基因作物采用率均超过 90%。其中，转基因大豆、玉米、棉花的种植面积占比分别为 95%、93% 和 97%。

32. 发达国家转基因食品的占有量情况是怎样的?

答: 2023 年,共有 29 个国家(包括 24 个发展中国家和 5 个发达国家)种植了转基因作物。5 个发达国家分别是美国、加拿大、澳大利亚、西班牙和葡萄牙。其中,美国和加拿大的种植面积超过 1 000 万公顷。美国种植较多的两大转基因作物是转基因大豆和玉米,而加拿大种植最多的转基因作物是转基因油菜。澳大利亚的转基因作物种植面积约 140 万公顷,以转基因棉花、油菜为主。西班牙和葡萄牙是欧盟中仅有两个种植转基因作物的国家,且种植的转基因作物仅玉米一种,种植面积共 4.81 万公顷。

一些发达国家虽不种植转基因作物,但进口他国转基因作物,用于食用、畜牧饲料和其他工业。日本主要进口转基因玉米、26 个欧盟国家和韩国进口转基因油菜、玉米、大豆和棉花。

33. 转基因植物种植后有什么经济效益？

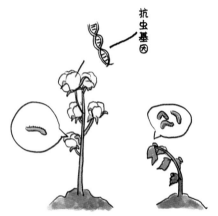

答： 以棉花为例，20 世纪 90 年代，棉铃虫猖獗，农民只好加大农药用量来控制。到了后期，棉铃虫产生了抗药性，甚至将其直接泡在农药中也杀不死，棉花种植业告急，棉农损失惨重，给我国当时的棉纺织业带来了严重影响。转基因抗虫棉的推广，使棉铃虫得到有效控制，化解了这场棉铃虫危机。由于种植了转基因抗虫棉，农药的用量显著降低，生产成本大大减少。1999—2008 年，全国累计推广国产转基因抗虫棉 1 467 万公顷，农药使用量减少了 80% 以上，减少量达 4.5 万吨，平均每公顷增收节支约 3 300 元，为国家和棉农共增收节支 200 亿元。

34. 转基因技术已经在哪些领域应用？

答： 转基因技术目前广泛应用于医药、工业、农业、环保、能源、军事等领域。转基因技术首先在医药领域得到广泛应用，1982 年美国食品药物管理局（FDA）批准利用转基因微生物生产的人胰岛素商业化生产，是世界首例商业化应用的转基因产品。此后，利用转基因技术生产的药物层出不穷，如重组疫苗、抑生长素、干扰素、人生长激素等。转基因技术广泛应用的第二个领域在农业，包括转基因动物、植物及微生物的培育，其中转基因作物发展最快，具有抗虫、抗病、耐除草剂等性状的转基因作物大面积推广，品质改良、养分高效利用、抗旱耐盐碱转基因作物纷纷面世。

转基因技术在工业中的应用也有长久历史，如利用转基因工程菌生产食品用酶制剂、添加剂和洗涤酶制剂等。转基因技术还广泛应用于环境保护和能源领域，如污染物的生物降解以及利用转基因生物发酵燃料酒精等。转基因技术在军事上也有用武之地。目前，美军已开始测试防弹"蜘蛛服"，其材料来源是比钢更坚固的转基因丝，是将蜘蛛优良的丝腺基因转入家蚕中获得的。

第五部分

我国转基因生物安全管理

35. 我国市场上有哪些转基因产品？

答： 目前，我国的转基因产品大致可以分为两类：

一类是允许在我国境内种植的转基因作物。2023年之前，我国只有两个作物获得商业化种植许可，分别是转基因抗虫棉和转基因抗病毒番木瓜。2023年12月25日，农业农村部发布739号公告，其中批准了37个转基因玉米品种和10个转基因大豆品种的生产经营许可证的发放，意味着2024年转基因大豆和玉米种子正式在我国境内商业化种植。

另一类是允许从国外进口，用作加工原料的转基因产品。已批准了转基因棉花、大豆、玉米、油菜、番木瓜、甜菜、甘蔗和苜蓿8种作物的进口安全证书。以大豆为例，直接用于食品制作的包括大豆、大豆粉、大豆油，豆粕、豆渣主要作为牲畜与家禽的饲料。我国至今没有批准任何一种转基因粮食作物种子进口到中国境内种植。

36. 我国目前规定对哪些转基因产品进行标识？

答：《农业转基因生物安全管理条例》第八条规定："国家对农业转基因生物实行标识制度。实施标识管理的农业转基因生物目录，由国务院农业行政主管部门商国务院有关部门制定、调整并公布。"第二十七条规定："在中华人民共和国境内销售列入农业转基因生物目录的农业转基因生物，应当有明显的标识。列入农业转基因生物目录的农业转基因生物，由生产、分装单位和个人负责标识；未标识的，不得销售。经营单位和个人在进货时，应当对货物和标识进行核对。经营单位和个人拆开原包装进行销售的，应当重新标识。"《农业转基因生物标识管理办法》确定了实施标识管理的农业转基因生物目录：

1. 大豆种子、大豆、大豆粉、大豆油、豆粕。

2. 玉米种子、玉米、玉米油、玉米粉（含税号为11022000、11031300、11042300的玉米粉）。

3. 油菜种子、油菜籽、油菜籽油、油菜籽粕。

4. 棉花种子。

5. 番茄种子、鲜番茄、番茄酱。

但是 2023 年 10 月，《农业农村部关于修改〈农业转基因生物标识管理办法〉的决定（征求意见稿)》，对目录进行修改。修改后的实施标识管理的农业转基因生物目录为：

1. 大豆、大豆粉、大豆油、豆粕、大豆蛋白、豆渣。

2. 玉米、玉米油、玉米粉、玉米渣、玉米粕。

3. 油菜籽、油菜籽油、油菜籽粕。

4. 棉籽油、棉籽粕。

5. 苜蓿草。

6. 番木瓜。

上述产品中，单一作物转基因成分含量超过产品 3% 时应当标识。

37. 我国为什么要发展转基因技术?

答: 首先，我国人多地少，耕地面积递减的趋势难以逆转，农作物生长环境不断恶化，农业资源短缺，食物浪费严重，粮食不能满足人们的生活需求。其次，随着生活水平提高，消费结构发生变化，对优质畜产品、农产品的需求增长迅速，产需缺口逐渐扩大，大豆、玉米等严重依赖进口。而运用转基因技术可以获得高产、多抗、优质的新品种，可减少农药和肥料使用、人力投入，可改善产品品质、拓展农业功能。推进转基因作物产业化，对于提高粮食单产和质量都有重要作用。推进转基因技术研究落地，是着眼于未来国际竞争和产业分工的重大发展战略，是确保国家粮食安全的必然要求和重要途径。

38. 我国转基因生物研发政策如何？

答： 推动转基因研究与应用是我国既定的战略决策，我国一贯高度重视农业转基因技术发展，近 10 年的中央 1 号文件中 7 次提到转基因研发、监管与科普。2013 年，习近平总书记在中央农村工作会议上指出"转基因是一项新技术，也是一个新产业，具有广阔发展前景"，他突出强调，"一是确保安全，二是要自主创新。也就是说，在研究上要大胆，在推广上要慎重"。农业农村部也鼓励农业转基因生物原始创新和规范生物材料转移转让转育，支持从事新基因、新性状、新技术、新产品等的农业转基因生物研发活动，推进转基因研发科企合作。2024 年中央 1 号文件提出要推动生物育种产业化扩面提速。

39. 我国转基因生物安全管理有哪些制度?

答: 2001年,国务院颁布实施了《农业转基因生物安全管理条例》(以下简称《条例》),依据《条例》,有关部门先后制定了5个办法:《农业转基因生物安全评价管理办法》《农业转基因生物进口安全管理办法》《农业转基因生物标识管理办法》《农业转基因生物加工审批办法》《进出境转基因产品检验检疫管理办法》,规范了农业转基因生物安全评价、进口安全管理、标识管理、加工审批、产品进出境检验检疫工作。法规确立了转基因生物安全评价制度、生产许可制度、加工许可制度、经营许可制度、进口管理制度、标识制度等。同时,制定了转基因植物、动物、动物用微生物安全评价指南和转基因作物田间试验安全检查指南等。为规范农业用基因编辑植物安全评价工作,还制定了《农业用基因编辑植物安全评价指南(试行)》,形成了一整套适合我国国情并与国际接轨的法律法规、技术规程和管理体系。为我国农业转基因生物安全管理提供了法制保障。

40. 我国是如何推进玉米大豆生物育种产业化步伐的？做了哪些工作？

答： 生物育种是育种发展新阶段，大体上农作物育种经历了自然选择、杂交育种、生物育种，未来极有可能进入智能育种时代。当前，以转基因为代表的生物育种是育种领域的革命性技术，是必须抢占的新领域新赛道。

对于转基因技术研发，我国在 20 世纪 80 年代启动的"863"高技术研究和 90 年代启动的"973"基础研究中早有部署、持续跟踪。特别是 2008 年国家启动转基因生物新品种培育科技重大专项以来，我们在基因挖掘、遗传转化、品种培育、安全评价与管理等方面取得了一系列重大进展。在充分评价安全性、有效性基础上，一批转基因品种依法获得安全证书。

2021 年，国家启动转基因玉米大豆产业化试点工作，在科研试验田开展。2022 年，试点范围扩展到内蒙古、云南的农户大田。2023 年，扩展到河北、内蒙古、吉林、四川、云南 5 个省份 20 个县，并在甘肃安排制种。从试点看，转基因玉米大豆抗虫耐除草剂性状表现突出，对草地贪夜蛾等鳞翅目害虫的防治效果在 90％ 以上，除草效果在 95％ 以上；转基因玉米、大豆可增产 5.6％～11.6％。2023 年 12 月 26 日，农业农村部发布公告，26 家企业获转基因玉米、大豆种子生产经营许可证。这也是我国首批获得生产经营许可证的转基因玉米、大豆种子。

在推动试点的同时，相关部门根据《种子法》《食品安全法》《农业转基因生物安全管理条例》等法律法规严格监管，依法打击制种、售种、种植、加工、销售等环节非法行为，落实产品标识管理制度，确保产业化应用规范有序。

41. 转基因大豆和玉米品种审定进展如何？

答： 2023 年 12 月 7 日，农业农村部发布公告，37 个转基因玉米品种和 14 个转基因大豆品种获得审定通过。这是我国在转基因领域取得的重要突破，标志着我国转基因作物商业化迈出了关键一步。2024 年 3 月 19 日，农业农村部官网发布关于第五届国家农作物品种审定委员会第六次审定会议初审通过品种的公示。其中，27 个转基因玉米和 3 个转基因大豆品种通过初审。

根据《农业转基因生物安全管理条例》，转基因品种在获得生物安全证书后，需通过品种审定，获得种子生产和经营许可证，才可以进入商业化生产应用。首批转基因玉米、大豆种子生产经营许可证批准发放，第二批转基因玉米、大豆品种通过初审，进一步推进了转基因商业化进程，使生物育种行业发展再提速。